Franz Armstorfer, Benjamin Stern

Hubarbeitsbühnen – aber sicher!

Ausbildung nach DGUV Grundsatz 308-008

ecomed
SICHERHEIT

Bibliografische Informationen der Deutschen Nationalbibliothek

Die Deutsche Nationalbibliothek verzeichnet diese Publikation in der Deutschen Nationalbibliografie; detaillierte bibliografische Daten sind im Internet über <https://www.dnb.de> abrufbar.

Information zur Produktsicherheit: https://www.ecomed-storck.de/gpsr

Bei der Herstellung des Werkes haben wir uns zukunftsbewusst für umweltverträgliche und wiederverwertbare Materialien entschieden.

ISBN 978-3-609-68115-3

E-Mail: kundenservice@ecomed-storck.de
Telefon: 089/2183-7922
Telefax: 089/2183-7620

www.ecomed-storck.de

Titelfoto: Palfinger GmbH

Satz: FotoSatz Pfeifer, 82110 Germering
printed in Germany

Vorwort

Hubarbeitsbühnen werden in verschiedenen Gewerken eingesetzt, z.B. in der Bauindustrie, bei der Elektroinstallation, bei Reinigungsdiensten, bei Maler- und Lackierarbeiten oder in der Lagerlogistik.

Jeder Hersteller von Hubarbeitsbühnen legt seinen Schwerpunkt auf das zum Einsatz kommende Gewerk. Daher sind spezielle, oft auch riskante, Einsätze an der Tagesordnung.

Eine Hubarbeitsbühne besteht aus folgenden Baugruppen:

- mechanische
- hydraulische
- elektrische/elektronische

Alle Bediener von Hubarbeitsbühnen müssen vor Aufnahme ihrer Arbeit und danach jährlich nach DGUV Grundsatz 308-008 geschult werden. Die Aus- und Fortbildung teilt sich in einen allgemeinen theoretischen und einen gerätespezifischen praktischen Teil.

Die Ausbildung endet mit einer theoretischen und einer praktischen Prüfung. Danach erhalten die Bediener einen Fahrausweis für fahrbare Hubarbeitsbühnen sowie ein Zertifikat, in dem die erlernten Bauarten zu erkennen sind.

Die Dauer der Ausbildung richtet sich nach Gerätetyp und dem damit verbundenen Einsatz. Meistens wird sie an einem Tag absolviert.

In dieser Schulungsunterlage wurden der geltende DGUV Grundsatz 308-008 „Ausbildung und Beauftragung der Bediener von Hubarbeitsbühnen" sowie die weiteren rechtlichen Vorgaben, wie z.B. die DGUV Information 208-019 „Sicherer Umgang mit fahrbaren Hubarbeitsbühnen" berücksichtigt und aufbereitet.

Uns war es wichtig, trotz dieser ganzen Vorschriften den Praxisbezug nicht aus den Augen zu verlieren!

Wir sprechen mit dieser Schulungsunterlage Männer, Frauen und nicht binäre Personen gleichermaßen an. Aufgrund der besseren Lesbarkeit und Verständlichkeit verwenden wir jedoch nur die männliche Form.

Franz Armstorfer, Benjamin Stern — Ehekirchen, im Oktober 2025

Inhaltsverzeichnis

1 Unfälle: Kleine Ursache – große Wirkung

Unkenntnis der Funktionsweise von Hubarbeitsbühnen und ihre Fehlbedienung führen immer wieder zu schweren, oft tödlichen Unfällen.

Zu Unfällen kommt es beispielsweise durch:

- falsche oder fehlende Abstützung
- Nichtbeachtung des Windes
- Überlastung durch Gewicht

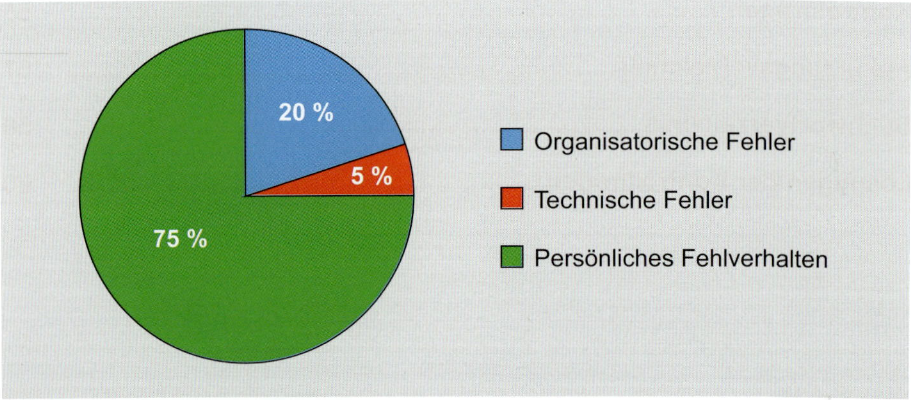

Unfallstatistik

Bei Hubarbeitsbühnen, die sich herstellerseitig im angehobenen Zustand (mit reduzierter Geschwindigkeit) verfahren lassen, ist besondere Vorsicht geboten. Dabei sind die Betriebsanleitung des Herstellers sowie die geltenden Sicherheitsvorschriften zu beachten.

FUNKTIONSTESTS

Begrenzung der Fahrgeschwindigkeit überprüfen

37 Betätigen Sie den Fußschalter.

38 Heben Sie den Primärausleger 30 cm an.

39 Bewegen Sie den Steuerhebel Fahren langsam bis auf volle Antriebsleistung.

Ergebnis: Die mit angehobenem Primärausleger maximal erzielbare Fahrgeschwindigkeit sollte 30 cm pro Sekunde nicht übersteigen.

Ausschnitt aus einer Betriebsanleitung

Wichtig ist, dass die Maschine stabil steht und die Last gleichmäßig verteilt ist. Nur so lässt sich ein Umkippen oder ein Absturz vermeiden.

Berechnung der Abstützfläche – Beispiel:

Eine Hubarbeitsbühne hat laut Angabe am Gerät eine Stützkraft von 80.000 N. Der Boden am Aufstellort soll gewachsener Boden mit einer zulässigen Bodenpressung von 20 N/cm² sein.

Wie viele m² müsste die erforderliche Abstützfläche mindestens betragen?

Abstützfläche = Stützkraft: zulässige Bodenpressung
= 80.000 N: 20 N/cm² = 4000 cm²
= 0,4 m²

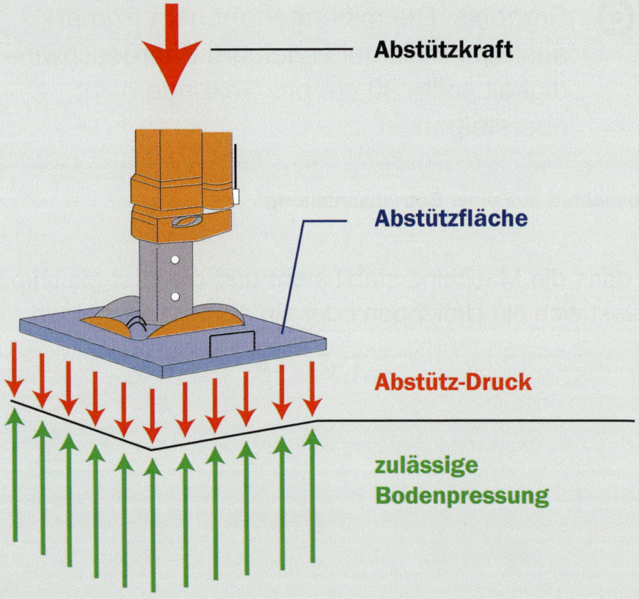

Die Seitenlänge einer quadratischen Unterbauung müsste also ca. 65 cm betragen.

2 Rechtsgrundlagen

2.1 Regelwerke allgemein

Die rechtliche Grundlage bilden das Arbeitsschutzgesetz, die Betriebssicherheitsverordnung, die DGUV Vorschrift 1 sowie die TRBS 2111 Teil 1.

- Das **Arbeitsschutzgesetz** (ArbSchG) verpflichtet die Arbeitgeber, Maßnahmen zu ergreifen, um die Gesundheit und Sicherheit ihrer Beschäftigten am Arbeitsplatz zu gewährleisten.
- Die **Betriebssicherheitsverordnung** (BetrSichV) regelt die Verwendung von Arbeitsmitteln, Anlagen, Geräten, Maschinen und Werkzeugen, einschließlich ihrer Prüfungen und Gefährdungsbeurteilung.
- Die **DGUV Vorschrift 1 Grundsätze der Prävention** regelt ebenfalls Rechte und Pflichten von Arbeitgebern und Beschäftigten, u.a. die Erstellung und Übermittlung von Gefährdungsbeurteilungen, die Unterweisung in Form von Betriebsanweisungen oder die Bereitstellung und Nutzung von Persönlicher Schutzausrüstung.
- Die **TRBS 2111 Teil 1: Mechanische Gefährdungen** konzentriert sich auf spezifische Gefährdungen, die beim Einsatz von mobilen Arbeitsmitteln, z.B. Straßenfahrzeugen oder mobilen Baumaschinen oder Kranen, bestehen. Durch die Bewegung des mobilen Arbeitsmittels, seiner Teile oder von Ladung können Beschäftigte verletzt werden, z.B. durch Auffahren, Überfahren oder Quetschen. Der Arbeitgeber muss eine Gefährdungsbeurteilung durchführen, um die spezifischen Risiken beim Einsatz von mobilen Arbeitsmitteln zu ermitteln und geeignete Schutzmaßnahmen zu ergreifen. Des Weiteren dürfen nur ausgebildete Mitarbeiter, die regelmäßig unterwiesen werden, diese benutzen.

Die Berufsgenossenschaften sind Träger der **gesetzlichen Unfallversicherung** für die gewerbliche Wirtschaft. Deshalb sind alle Beschäftigten einer Betriebsstätte pflichtversichert. Die Versicherungsbeiträge, die von den Arbeitgebern zu bezahlen sind, sichern Beschäftigte und ihre Angehörigen gegen die Folgen von Arbeitsunfällen und Berufskrankheiten ab. Sie finanzieren Rehabilitations- oder Umschulungsmaßnahmen.

> DGUV-Vorschriften (Unfallverhütungsvorschriften) sind immer einzuhalten und zu prüfen! Die Aufsichtspersonen der Berufsgenossenschaften sind mit hoheitlichen Befugnissen ausgestattet.

2.2 Anforderungen an den Bediener von Hubarbeitsbühnen

DGUV-Regelung	Anforderungen
DGUV Grundsatz 308-008	• Mindestalter: 18 Jahre. Im Rahmen der Berufsausbildung auch Jugendliche unter 18 Jahren. Das Bedienen der Hubarbeitsbühne muss unter fachlicher Aufsicht erfolgen und der Jugendliche muss entsprechend diesem Grundsatz ausgebildet sein. Die Person, die die Aufsicht führt, sollte schriftlich festgelegt sein. Ebenso sollte eine Abklärung mit der zuständigen Aufsichtsperson der BG erfolgt sein. • Körperliche Eignung: ausreichende Sehschärfe, seitliches Gesichtsfeld, räumliches Sehen, Hörvermögen, körperliche Beweglichkeit, gute Reaktionsfähigkeit • Geistige und charakterliche Eignung • Ausbildung und schriftliche Beauftragung der Bediener von Hubarbeitsbühnen als grundlegende Qualifikation. Die Beauftragung setzt die bestandene Prüfung als Nachweis der Befähigung voraus. • Ausbildungsdauer: mindestens 1 Tag, bestehend aus theoretischen und praktischen Lehrinhalten. • Da es verschiedene Hubarbeitsbühnen gibt, muss der Bediener in die gerätespezifischen und tatsächlichen zu steuernden Besonderheiten eingewiesen werden.
DGUV Empfehlung „Arbeitsmedizinische Vorsorge bei Tätigkeiten mit Fahr-, Steuer- und Überwachungstätigkeiten“ (umgangssprachlich immer noch G 25)	**Vorsorgeuntersuchung:** Nach Feststellung der relevanten medizinischen Vorgeschichte und Arbeitsanamnese wird eine orientierende körperliche Untersuchung durchgeführt: Seh- und Hörvermögen, körperliches Basisuntersuchungsprogramm inklusive Gleichgewichtssinn, Blutdruck, EKG und Urintest.
DGUV Vorschrift 1	Sicherheitstechnische Unterweisung über die Gefahren und Verhaltensweisen am Arbeitsplatz einmal im Jahr, Auszubildende zweimal im Jahr

Muster: Bedienerausweis für Hubarbeitsbühnen gemäß DGUV Grundsatz 308-008

Persönliche Angaben

Name, Vorname: ____________________

Geburtsdatum: ____________________

Firma / Arbeitgeber: ____________________

Einsatzbereich / Standort: ____________________

Lichtbild: (Hier aufkleben oder digital einfügen)

Ausbildung und Befähigung

Ausbildung durchgeführt durch: ______________________

Datum der theoretischen Ausbildung: ______________________

Datum der praktischen Ausbildung: ______________________

Ausbilder (Name, Unterschrift): ______________________

Prüfung bestanden am: ______________________

Art der Hubarbeitsbühne(n)

☐ Anhängerbühne

☐ Teleskopbühne

☐ Lkw-Arbeitsbühne

☐ Scherenbühne

☐ Gelenkteleskopbühne

☐ Mastbühne

☐ Sonstige: ______________________

Beauftragung durch den Unternehmer

Hiermit wird bestätigt, dass die oben genannte Person gemäß DGUV Grundsatz 308-008 ausgebildet und beauftragt ist, Hubarbeitsbühnen zu bedienen.

Beauftragende Person (Name, Funktion): ______________________

Unterschrift des Unternehmers: ______________________

Datum der Beauftragung: ______________________

Gültigkeit bis: ______________ (max. 1 Jahr empfohlen)

Unterweisung

Letzte jährliche Unterweisung am: ______________________

Nächste Unterweisung fällig am: ______________________

Unterschrift des Unterweisenden: ______________________

Wird ein Führerschein zum Fahren im öffentlichen/teilweise öffentlichen Verkehrsraum benötigt?

Bei Hubarbeitsbühnen, welche auf der Straße bewegt werden, gilt nach § 16 StVZO:

- Klasse „C“ bei über 7500 kg Gesamtgewicht (Lkw + Hubarbeitsbühne)
- Klasse „C1“ bei 3500–7499 kg Gesamtgewicht (Lkw + Hubarbeitsbühne)
- Klasse „B“ bei bis zu 3500 kg Gesamtgewicht (Auto mit Anhänger)
- Klasse „BE“ für Auto bis 3500 kg + Anhänger 3500 kg

2.3 Ausstattung der Bediener/PSA

Die DGUV Regel 112-198 „Benutzung von persönlichen Schutzausrüstungen gegen Absturz“ ist die zentrale Vorschrift zu diesem Thema.

Vom Unternehmer ist die persönliche Schutzausrüstung nach Betriebs- und Bedienungsanleitung zur Verfügung zu stellen.

Kopfschutz benutzen (Schutzhelm)

Fußschutz benutzen (Sicherheitsschuhe S1, S2, S3 – je nach Arbeitsplatz; Baustellen auch S3, W3 und S7)

Gehörschutz benutzen

Augenschutz benutzen (Sicherheitsbrille oder geeignete Arbeitssonnenbrille gegen UV-Bestrahlung)

PSAgA = Persönliche Schutzausrüstung gegen Absturz von mehr als 1 Meter

Persönliche Schutzausrüstungen gegen Absturz (PSAgA) können sein:

- Auffanggurt (nach EN 361 zertifiziert)
- Höhensicherungsgerät
- Bandschlinge
- Sicherheitsgeschirr (schützt vor Sturz aus dem Arbeitskorb) (die Trittschlaufe, die vor dem Hängetrauma schützt, gehört nicht standardmäßig zu den Rettungsgurten)
- Verbindungsmittel mit Falldämpfer oder Höhensicherungsgerät (HSG) mit einem geeigneten Ausschlagpunkt (Halteöse)

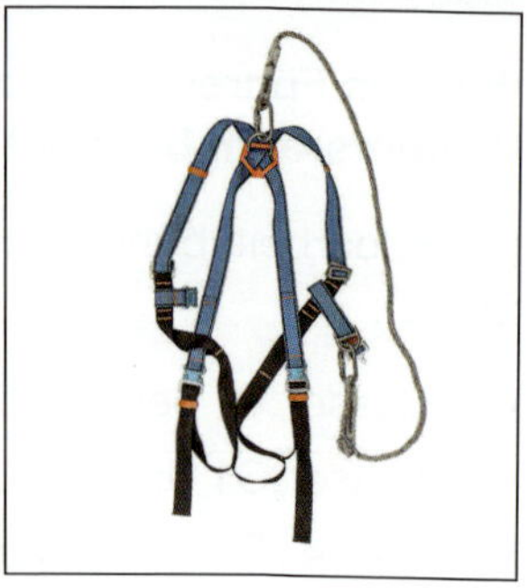

Links: Höhensicherungsgerät, mit einer maximalen Länge von 1,8 m; Mitte: Gurt mit Brustverschluss; Rechts: Gurt mit Hüftverschluss

Hinweis auf Anschlagpunkt

Um die richtige PSAgA auszuwählen, spielen einige Faktoren eine zentrale Rolle, z.B.

- das Gewicht des Bedieners,
- der Anschlagpunkt oder
- die Arbeitshöhe.

Deswegen ist die richtige Auswahl wichtig und entscheidend. Sie sollte mit Bedacht gewählt werden.

Eine Halteöse (Anschlagpunkt) ist für eine Person nutzbar. Daher muss eine Person am Boden sein, um bei Notfällen die Stopp-Taste an der Maschine zu betätigen und Rettungsmaßnahmen einzuleiten. Zwischenfälle und Notfälle müssen dokumentiert werden.

Diese PSAgA müssen einmal jährlich durch eine sachkundige Person überprüft werden. Der Benutzer muss vor jeder Benutzung eine Einsatzkontrolle der Ausrüstung durchführen.

Jeder Auffanggurt muss nach einer Fallbelastung **sofort** ausgetauscht werden.

Ansonsten liegt die Nutzungsdauer

- beim Sicherheitsgeschirr bei ca. 6–8 Jahren,
- beim Verbindungsmittel bei ca. 4–6 Jahren.

Die Vorgaben des Herstellers sind immer zu beachten – dieses gilt auch für unbenutzte PSAgA.

2.4 Betriebsanweisung

Die Betriebsanweisung dient dazu, den Beschäftigten Informationen über Gefahren am Arbeitsplatz mit Gefahrstoffen oder Arbeitsmitteln zu geben, um Unfälle oder Gesundheitsrisiken zu vermeiden.

Es gibt unterschiedliche Betriebsanweisungen für Hubarbeitsbühnen, je nach Arbeitseinrichtung oder Gewerk (Beispiel siehe rechts, Seite 15).

Der Unternehmer oder eine von ihm beauftragte Person (z.B. Fachkraft für Arbeitssicherheit oder Sicherheits- und Gesundheitsschutzkoordinator) ist dafür verantwortlich, eine Betriebsanweisung zu erstellen. Die Kontrollpflicht bleibt jedoch beim Unternehmer.

2.5 Konformitätserklärung nach der Maschinenrichtlinie

Die Konformitätsbewertung nach der Maschinenrichtlinie (auch: MRL oder Richtlinie 2006/42/EG) ist ein verbindliches Verfahren, mit dem Hersteller von Maschinen nachweisen, dass ihre Maschinen den grundlegenden Sicherheits- und Gesundheitsanforderungen der Richtlinie entsprechen.

Die vom Hersteller erstellte Konformitätserklärung besteht aus folgenden Punkten:

- Angaben zum Hersteller
- Beschreibung der Maschine
- Erklärung der Konformität
- Angaben zu den angewandten Normen
- Angaben zu weiteren Richtlinien
- Datum, Unterschrift
- Angaben zu den notifizierten Stellen (z.B. TÜV oder ermächtigte Stellen, welche an der Konformität beteiligt waren)

Diese Konformitätserklärung muss für 10 Jahre aufbewahrt werden.

- Bei jeder Änderung der Maschine oder geänderten gesetzlichen Bestimmungen erlischt die Genehmigung und muss neu beantragt werden!
- Eine Konformitätserklärung muss jeder Maschine beigefügt werden.

Nummer:

MASCHINEN-BETRIEBSANWEISUNG

Betrieb:

Arbeitsplatz:
Tätigkeitsbereich:

ANWENDUNGSBEREICH

Hubarbeitsbühne <*Typ angeben*>

GEFAHREN FÜR MENSCH UND UMWELT

- Lebensgefahr beim Umkippen der Hubarbeitsbühne.
- Lebensgefahr bei Absturz von der Hubarbeitsbühne.
- Gefahr tödlichen Stromschlags bereits bei Annäherung an elektrische Freileitungen.
- Quetschgefahr beim Bewegen der Bühne/Arbeitsplattform, bei Annäherung an Gebäude etc.
- Verletzungsgefahr durch herabfallende Arbeitsmittel/Gegenstände.

SCHUTZMASSNAHMEN UND VERHALTENSREGELN

- Bedienung nur durch unterwiesene und schriftlich beauftragte Personen.
- Auswahl der Hubarbeitsbühne muss sich am Arbeitsumfeld und den Tätigkeiten orientieren (Elektroarbeiten, Arbeiten im Gebäude/Freien, Arbeitshöhe, Windlasten, Handkräfte etc.).
- Hubarbeitsbühne nur bestimmungsgemäß verwenden (Kenntnis der Bedienungsanleitung).
- Vor der Benutzung sind der ordnungsgemäße Zustand und die Funktionsfähigkeit insbesondere der Sicherheitseinrichtungen zu überprüfen. Bei Feststellung von Mängeln darf keine Inbetriebnahme erfolgen.
- Widerrechtliche Benutzung ausschließen! Schlüssel abziehen.
- Einstieg in den Korb nur durch den Regeleinstieg bei vollständig abgesenktem Korb.
- Schutzhelm, <*je nach Arbeitsauftrag weitere PSA eintragen*> tragen.
- Fahrbedingungen: <*je nach Typ eintragen*>.
- Aufbaubedingungen: <*je nach Typ eintragen*>. Bühne immer waagerecht aufstellen!
- Fahrwege und Aufstellplätze müssen eben und tragfähig sein.
- Nutzlast (Person + Material und Werkzeug) darf __________ kg nicht überschreiten.
- Mitgeführtes Material ist gegen Herunterfallen zu sichern.
- Personenmitnahme außerhalb des Korbes außen auf der Hubarbeitsbühne ist verboten.
- Hebezeuge dürfen an der Hubarbeitsbühne nicht verwendet werden.
- Das Überbrücken der Arbeitsplattform zu Gebäudeteilen mittels Bohlen ist nicht erlaubt.
- Die Plattformhöhe darf nicht durch andere Arbeitsmittel oder Gegenstände erhöht werden.
- Der Aufenthalt unter der Plattform ist nicht zulässig – großzügige Absperrung vornehmen.
- In der Plattform keine horizontalen Kräfte erzeugen, nicht gegen Seitenschutz stemmen.
- Kann kein Geländer eingesetzt werden, ist PSA gegen Absturz zu benutzen.
- Abstand (auch Arbeitskorb!) zu elektr. Freileitungen unbekannter Spannung: mind. 5 m.
- Geländer niemals zum Sitzen/Stehen benutzen. Arbeitskorb in angehobener Stellung niemals übersteigen, auch nicht umsteigen oder aussteigen.
- Vor Ablauf der Prüffrist wiederkehrende Prüfung veranlassen.

VERHALTEN BEI STÖRUNGEN

- Bei Störungen oder festgestellten Mängeln Arbeiten sofort einstellen und Reparatur durch Fachpersonal veranlassen. Meldung an: <*eintragen*>

ERSTE HILFE

- Unfallstelle sichern. Hubarbeitsbühne gegen unbeabsichtigtes Wegrollen sichern.
- Je nach Art der Verletzung Erste Hilfe leisten; ggf. Hilfe herbeirufen.

  Tel. Ersthelfer: __________ Tel. Arzt ________________ Tel. Vorgesetzter: _________
- Eintreffendes Hilfspersonal auf eventuell bestehende Gefahren hinweisen.
- Vorgesetzten/Vertreter informieren und hinzuziehen.

NOTRUF:

INSTANDHALTUNG UND ENTSORGUNG

- Reparaturen an der Hubarbeitsbühne nur durch fachkundiges Personal durchführen lassen.
- Nur Originalersatzteile verwenden.
- Entsorgung von Hydrauliköl: <*Entsorgungsanweisung eintragen*>.

Erstellt am:
Nächste Überprüfung am:

Verantwortlicher:
Unterschrift
Verantwortlicher:

3 Aufbau einer Hubarbeitsbühne

3.1 Bauformen und Bauteile

Sicherheitstechnische Festlegungen (EN 280-1:2022)

Fahrbare Hubarbeitsbühnen (FHAB) sind dazu bestimmt, Personen zu Arbeitsplätzen zu befördern, von denen aus sie Arbeiten verrichten können. Es wird zwischen zwei Gruppen unterschieden.

Gruppe A: Bei der fahrbaren Hubarbeitsbühne befindet sich die senkrechte Projektion des Lastschwerpunkts immer innerhalb der Kippkanten.

Gruppe B: Bei dieser Hubarbeitsbühne kann sich die senkrechte Projektion des Lastschwerpunkts auch außerhalb der Kippkanten befinden.

Neben den Gruppen werden FHAB auch in Typen unterteilt:

Typ 1: Das Fahren ist nur in Transportstellung möglich.

Typ 2: Das Fahren mit angehobenem Arbeitskorb ist erlaubt, jedoch erfolgt das Steuern nur vom Untergestell aus. (Sonderfahrzeuge)

Typ 3: Das Fahren mit angehobenem Arbeitskorb erfolgt direkt durch die Steuerung vom Arbeitskorb aus.

Bauformen

Arbeitsbühnen gibt es in unterschiedlichen Bauformen, z.B. als

- Lkw-Arbeitsbühnen
- Anhänger-Arbeitsbühnen
- Scheren-Arbeitsbühnen (Antrieb elektrisch oder mit Diesel)
- Teleskop-Arbeitsbühnen
- Gelenkteleskop-Arbeitsbühnen
- Raupen-Arbeitsbühnen
- Stempelmastbühnen (für Innengebrauch)
- Brückenuntersichtgeräte

Bauteile

Zu unterscheiden sind die Bauteile für das Fahrwerk, für die Hubeinrichtung und für die Stützen.

Bauteile gibt es je nach Bedarf und Einsatz in verschiedenen Ausführungen. Beispiele hierfür siehe die nächste Seite.

Hydrauliksystem

Das Hydrauliksystem verwendet Hydraulikflüssigkeit (meist Öl), um mithilfe von Druck die Hubarbeitsbühne zu heben und zu senken.

Einige Begriffe zum Hydrauliksystem:

Hydraulikpumpe
Erzeugt den Druck in der Flüssigkeit, indem sie die Hydraulikflüssigkeit aus dem Tank ansaugt und in den Kreislauf pumpt.

Hydraulikzylinder
Wandeln den Druck der Flüssigkeit in eine gerade Bewegung um, die dann die Hubarbeitsbühne anhebt oder absenkt.

Hydraulikschläuche und -leitungen
Verbinden die einzelnen Bauteile und sorgen somit für den sicheren Transport der Hydraulikflüssigkeit.

Steuerventile
Regeln den Fluss der Hydraulikflüssigkeit und ermöglichen so das Heben, Senken und Halten der Hubarbeitsbühne in einer bestimmten Position.

Fahrwerk

Hubeinrichtung

Abstützeinrichtung

Hydrauliksystem Steuerblock/
Schläuche

Druckbegrenzungsventil
Bei zu hohem Druck wird die überschüssige Hydraulikflüssigkeit in den Tank zurückgeleitet.

Sicherheitsventile
Verhindern ein unbeabsichtigtes Absinken der Hubarbeitsbühne, z.B. bei Rohrbruch.

Leckagen
Ein ungewollter Austritt von Hydraulikflüssigkeit aus der geschlossenen Hydraulikanlage.

Defekter Schlauch

Verhalten bei Ölaustritt

- Die Hubarbeitsbühne bei Betrieb stoppen oder vor dem Betrieb nicht starten.
- Eine Sichtkontrolle vornehmen und die Wartungsfirma verständigen.
- Zwischenfall im Prüfbuch genau notieren.

Anschlagpunkt (= Halteöse)

Der Anschlagpunkt ist eine feste Vorrichtung im Hubarbeitskorb (der nicht höher als 75 cm vom Boden ist), mit dem man sich mit seiner Persönlichen Schutzausrüstung verbinden muss.

Die Persönliche Schutzausrüstung sollte zum Anschlagpunkt frei beweglich befestigt sein.

Scharfe oder ungeschützte Kanten müssen durch einen Kantenschutzwinkel gesichert werden, um ein Durchscheuern oder Reißen der Persönlichen Schutzausrüstung zu verhindern.

Der Anschlagpunkt darf nicht für andere Zwecke (z.B. als Beförderungshilfe) benutzt werden.

Zugang (Tür)

Der Zugang zur Hubarbeitsbühne muss frei von Hindernissen und Gegenständen sein.

Da es sich um einen Fluchtweg handelt, muss diese Seite der Hubarbeitsbühne für Rettungsaktionen immer zugänglich sein.

Die Tür geht nach innen auf und ist selbstschließend (Türbreite: 0,5 m).

Verriegelte Tür

Geländer

Abmessungen: Fußleiste 0,1 m hoch; Knieleiste 0,5 m hoch; Handlauf (Abschluss) 1,10 m hoch

Ein Aus- und Übersteigen der Hubarbeitsbühne in angehobener Stellung ist nicht erlaubt. In Ausnahmefällen, z.B. bei speziellen Arbeiten, muss dieses

Sicherheitsgeländer

vorher in einer speziellen Gefährdungsbeurteilung dokumentiert, eine separate Betriebsanweisung erstellt und alle Beteiligten extra unterwiesen werden.

Die zweite Person bleibt im Korb und überwacht die Arbeiten des Mitarbeiters, der den Überstieg macht.

3.2 Typenschild – Fabrikschild

Das Typenschild liefert wichtige Daten, z.B. den Hersteller, die Seriennummer, die CE-Kennzeichnung, die Traglast, das Betriebsgewicht und die maximale Windgeschwindigkeit.

Ferner sind alle wichtigen Informationen zur sicheren Bedienung und Nutzung der Maschine vermerkt.

Das Typenschild muss dauerhaft sichtbar und gut lesbar an dem Fahrgestell

- in der Nähe des Bedienfelds,
- an der Plattform oder
- am Korb

angebracht sein.

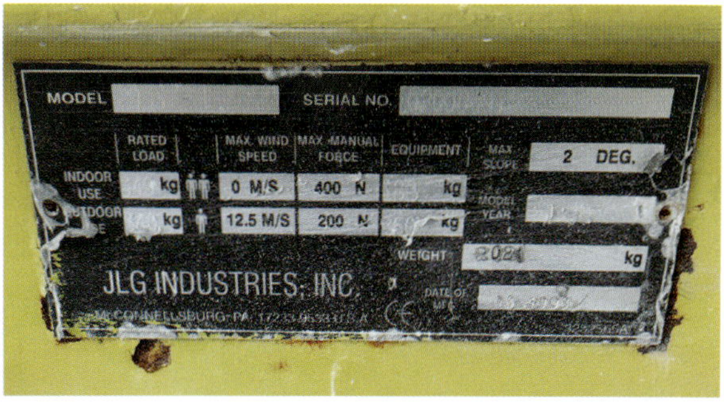

Angaben im Korb für Bediener

Weitere wichtige Zeichen:

- Warnaufkleber/Warnhinweise
- Signalgeber (Hupe)
- CE-Kennzeichen
- Prüfnachweise – Prüfplakette

3.3 Bedienelemente

Die Bedienelemente von Hubarbeitsbühnen umfassen:

Hebel und Joysticks:
dienen zur Steuerung der Bewegungen Heben, Senken oder vorwärts, rückwärts und seitwärts

Schalter:
zum Ein- und Ausschalten der Hubfunktion sowie zum Steuern von Zusatzfunktionen wie dem Schwenken des Arbeitskorbs

Not-Aus-Schalter:
abruptes Stoppen der Bühne

Notablass:
nur noch per zweiter Energieversorgung oder Handpumpe möglich

Zusätzliche Sicherheitseinrichtungen:

- Verriegelung – Unfallsensoren bei Hebebühne in angehobener Stellung
- Abstützeinrichtung – muss von der Steuerstelle beobachtet werden können
- Abgasreinigung – Rußpartikelfilter
  Verbrennermotor nicht in geschlossenen Räumen dauerhaft laufen lassen (Luftqualität!)
- Batterietrennschalter

Abstützeinrichtung

Motor einer Dieselbühne

4 Prüfung vor dem Einsatz

§ 14 der Betriebssicherheitsverordnung unterscheidet drei grundsätzliche Arten von Prüfungen:

- Prüfung vor erstmaliger Inbetriebnahme
- Wiederkehrende Prüfung
- Außerordentliche Prüfung (nach umfangreichen Instandsetzungen, Unfall oder Schadensereignis, wesentlichen Änderungen oder wenn nicht vom Hersteller vorgesehene Anbaugeräte verwendet werden)

4.1 Einsatzplanung

Da jeder Einsatz anders sein kann, ist es zwingend erforderlich, sich im Vorfeld Gedanken darüber zu machen und nicht planlos darauf loszuarbeiten.

Einige Leitpunkte:

- Vorortbegehung
- An- und Abtransport der Hebebühne
- Einsatzort innen oder außen
- Einsatzhöhe/Arbeitshöhe
- Gefahrenstellen
- andere Gewerke
- Medien (Gefahrstoffe, Gase, Hydraulik)
- Persönliche Schutzausrüstung
- Lärm und Vibration u.v.m.

Anhand der genannten Leitpunkte ist zu erkennen, welche Komplexität ein Hebebühneneinsatz haben kann.

Man sieht auch, dass die Einsatzplanung ein elementares, wichtiges Mittel ist, um sicher mit der Hubarbeitsbühne arbeiten zu können. Die Gefahrenpunkte sollen zum einen in die richtige Auswahl der Bühne einfließen, zum anderen in die baustellenbezogene Gefährdungsbeurteilung und die sich daraus ergebende Unterweisung.

Es wird empfohlen, beides schriftlich zu dokumentieren.

4.2 Tägliche Sicht- und Funktionsprüfung vor Arbeitsbeginn

In jeder Hubarbeitsbühne ist ein sogenanntes Prüfbuch vorhanden, sodass jeder Bediener den **aktuellen Stand** der letzten Prüfung u.a. Vorkommnisse einsehen kann.

Da durch Urlaub oder Krankheit oft mehrere Bediener die gleiche Hubarbeitsbühne benutzen, ist vor **jeder neuen Fahrt** eine Sicht- und Funktionsprüfung durchzuführen. Dies betrifft

- Reifendruck
- Ölverlust
- Hydrauliksystem
- Notablass und Not-aus-Funktion
- Schutzausrüstung gegen Absturz

Auch ist ein Blick auf das letzte Prüfprotokoll (unabhängig von der Prüfplakette) unerlässlich!

Zusätzlich kommt noch die Prüfung „**unter besonderen Einsatzbedingungen**“. Diese können beim Bühneneinsatz z.B. sein: starke Windverhältnisse, Sturm, Nähe zu Freileitungen, Asphaltboden, Böden allgemein, andere Gewerke oder Nähe zu einem Abgrund. Damit man sicher arbeiten kann, sollten auf der Baustelle diese Punkte täglich mitkontrolliert werden.

4.3 Prüfung in regelmäßigen Abständen durch befähigte Person

Da sich der Neuzustand einer Hubarbeitsbühne durch Gewalteinwirkung, Verschleiß, Korrosion, Fehlbedienung u.v.m. verschlechtert, ist es unabdingbar, sie in regelmäßigen Abständen zu prüfen, um Mängel frühzeitig zu erkennen und zu beheben. Nur mit einer technisch einwandfreien Hebebühne kann man sicher arbeiten.

4.4 Sachverständigenprüfung/Außerordentliche Prüfung

Außerordentliche Prüfungen werden z.B. fällig bei

- längerer Stillstandzeit (Nichtbenutzung)
- Unfällen oder Beinaheunfällen
- wesentlichen Umbauten
- umfangreichen Reparaturen (Generalüberholung)

Die Sachverständigenprüfung orientiert sich in ihrem Umfang und ihrer Art an den oben stehenden Ereignissen.

Der Sachverständige muss spezielle Ausbildungen durchlaufen haben, z.B. die eines Fach- oder Prüfingenieurs.

Er benötigt ein fundiertes Wissen im Bereich der Hubarbeitsbühnen und des Arbeitsschutzes, um den Zustand der Bühnen gutachterlich beurteilen zu können.

4.5 Prüfplaketten und ihre Gültigkeit

Die Maschinenuntersuchung gemäß DGUV Regel 100-500 und dem DGUV Grundsatz 308-002 muss jedes Jahr erneuert und fristgerecht durchgeführt werden.

UVV-Prüfplakette

Die Frist darf nicht überschritten werden – Stichtag ist immer der letzte Tag des Monats!

- Die Prüfung kann nur durch eine befähigte Person durchgeführt werden. Befähigte Personen (Sachkundige) sind ausgebildete Servicetechniker, die eine schriftliche Beauftragung des Unternehmers haben und daher berechtigt sind, oder vom Hersteller direkt beauftragte Servicetechniker (§ 14 BetrSichV).

- Die Plaketten zum Nachweis der Fristeinhaltung der DGUV Regel 100-500 müssen gut sichtbar am Gerät angebracht sein. Die Plakette ist ein Hinweiszeichen und nur gültig mit vorliegendem Prüfprotokoll!
- Die befähigte Person muss ein Prüfprotokoll erstellen und dieses in das Prüfbuch einfügen.

5 Einsatz von Hubarbeitsbühnen

5.1 Reifen

Nichtmarkierende Reifen

Haben eine hellere Mischung, hinterlassen keine schwarzen Spuren und werden für die meisten Industriemodelle verwendet. Meistens aus Hartgummi, es gibt sie aber auch als Luftreifen.

Schaumgefüllte Reifen

Sind Luftreifen, die mit einer Substanz aus Polyurethan gefüllt werden. Diese Füllung erhöht die Steifigkeit der Reifen und beugt bei scharfkantigen Gegenständen, z.B. Bauschutt, gegen platte Reifen vor.

Geländereifen

Standardreifen für geländegängige Bühnen, z.B. für lose Böden oder schlammigen, nassen Untergrund. Gibt es auch in nicht markierender Ausführung, z.B. für Arbeiten, die im schlammigen, nassen Boden beginnen und auf Beton enden.

Kettenantrieb

Verbessert das Vorankommen auf Sand, Kies und unwegsamem Gelände. Der Kettenantrieb schützt dabei noch den Boden, da dieser weniger beansprucht wird als mit Reifen.

5.2 Standsicherheit und Schwerpunkt

Nivellierung der Hubarbeitsbühne

Hierbei handelt es sich um eine Sicherheitsvorrichtung. Die Plattform des Arbeitskorbs wird in der horizontalen Position ausgerichtet.

Das Sichtfeld/der Sichtpunkt gleicht einer Wasserwaage (Dosenlibelle).

Die Neigung des Untergestells zeigt, ob dieses im zugelassenen Grenzwert des Herstellers liegt.

Erst wenn die Hubarbeitsbühne korrekt ausgerichtet ist (standsichere Justierung!), kann der Arbeitskorb abgestimmt werden.

Nivellierlibelle

Sicherheitsvorkehrung
Beim Auftraggeber schriftlich nachfragen, ob es im Fahrbereich der Hubarbeitsbühne Kanäle, alte Tanks, Sickergruben, Dächer von Tiefgaragen, Kellerdecken oder Ähnliches gibt. Zusätzlich ist eine vorherige Begehung der möglichen Arbeitsflächen nötig (evtl. Statik des Bauwerks nachweisen lassen).

Vielfach passieren Unfälle, weil der „Arbeitsboden“ nicht richtig abgestützt war. Die Versicherung prüft im Schadensfall sehr genau!

Als Abstützungshilfe sind außer einer Abstützplatte nur Kanthölzer, jedoch keine Schaltafeln erlaubt.

Schwerpunkt

Der Schwerpunkt beeinflusst die Standsicherheit und das Kippverhalten der Hubarbeitsbühne. Bei seitlicher Ausladung verschiebt sich der Schwerpunkt, z.B. wenn der Korb ausgefahren wird und beladen ist.

Wenn der Schwerpunkt außerhalb der Auflagefläche liegt, ist die Hubarbeitsbühne nicht stabil und kann umkippen.

Um die Standsicherheit zu gewährleisten, sind Lastendiagramme unerlässlich.

Stützkraft

Das ist die Kraft, welche die Stützen oder Räder ausüben, um das Gewicht der Hubarbeitsbühne zu tragen. Wichtig für eine ausgewogene Gewichtsverteilung ist die passende Größe der zu verwendenden Unterlegplatten.

Die passende Hubarbeitsbühne sowie die Unterbodenbeschaffenheit sind unabdingbar.

Standmoment

Es ist die Kraft des Eigengewichts, die das Umkippen verhindert.

Kippmoment

Das Kippmoment entsteht, wenn durch Lastverschiebung die Standfestigkeit nicht mehr gegeben ist.

Kippkante

Die Kippkante kann überschritten werden

- wenn die Hubarbeitsbühne über ihre erlaubte Tragkraft belastet oder zu weit ausgelagert ist
- bei wechselndem Untergrund
- beim Überfahren von Hindernissen
- bei auftretendem starkem Wind
- oder beim Heranziehen des Korbs durch die Bediener

Im schlimmsten Fall führt dies zum Umsturz.

Es gibt Maschinen, die mit einem Lastmomentbegrenzer ausgestattet sind, um ein Umkippen zu vermeiden.

Es empfiehlt sich, die abgestützte Hubarbeitsbühne vom Boden aus erst einmal auszufahren und zu überprüfen, ob die Tragkraft des Bodens dem Stützdruck standhält.

Um den Stützdruck zu verringern, sollte mit geeigneten, vom Hersteller vorgeschriebenen Lastverteilplatten gearbeitet werden.

Vorgehen am Hang

- Parken Sie das Fahrzeug immer mit der gebremsten Achse hangaufwärts
- Ziehen Sie die Feststellbremse an
- Sichern Sie das Fahrzeug durch Mutterkeile, die vor die Reifen der ungebremsten Achse gelegt werden
- Beim Aufbau erst die vorderen, dann die hinteren Stutzen ausfahren (Unterlegplatten)
- Nivellieren Sie das Fahrzeug-Chassis in die Waage!
- Beim Abbau erst die hinteren, dann die vorderen Stützen einfahren
- Unterlegplatten, Keile etc. entfernen
- Hinterachse anheben ist wie Schubkarren fahren!

5.3 Stromschlag und Sicherheitsabstände zu Freileitungen

Hubarbeitsbühnen können sich elektrostatisch aufladen. Bei Entladung kann dies zu Stromschlägen oder Schäden an der Steuerung führen.

Das sogenannte Erdungskabel verhindert einen Kurzschluss oder Stromschlag.

Stromkreise, die an fahrbaren Hubarbeitsbühnen oder elektrischen Betriebsmitteln angeschlossen werden, müssen einen FI-Schutzschalter (RCD) mit einem Auslösestrom von weniger als 30 mA haben, der im Ernstfall den Strom abschaltet und den Bediener weitestgehend schützt.

Grundsätzlich sollten schutzisolierte Betriebsmittel zum Einsatz kommen.

Bei elektrischen Freileitungen/Oberleitungen müssen die Sicherheitsabstände eingehalten werden.

Auch bei einer isolierten Hubarbeitsbühne drohen hier tödliche Spannungsüberschläge und Körperdurchströmungen.

Sicherheitsabstände, je nach Netzspannung (nach DIN VDE 0105-100):

Netzspannung	Sicherheitsabstand
bis 1000 Volt	1 m
1000–110.000 Volt	3 m
110.000–220.000 Volt	4 m
220.000–380.000 Volt	5 m
unbekannte Spannung	5 m und mehr

Wichtige Vorsichtsmaßnahmen

- Abstand zu spannungsführenden Leitungen einhalten (ab 5 m)
- Isolierte Hubarbeitsbühne verwenden
- In Arbeiten an elektrischen Anlagen unterweisen
- Die Gefährdungsbeurteilung muss vor Arbeitsbeginn vorliegen
- Notfallplan erstellen und sicherstellen, dass alle Beteiligten handeln können
- Bei Nebel, Regen und feuchtem Wetter Abstände verdoppeln

Für nicht elektrotechnische Arbeiten in der Nähe von Freileitungen ist es notwendig, sich mit dem zuständigen Energieversorger abzusprechen, um Unfälle zu verhindern.

Nach Möglichkeit Freileitungen abschalten oder isolieren.

5.4 Witterungsverhältnisse

Die zulässige Windlast ist auf dem Typenschild der Hubarbeitsbühne zu ersehen.

Hubarbeitsbühnen, die nur für Innenräume geeignet sind, haben einen entsprechenden Vermerk auf dem Typenschild, z.B. nur für Einsatz in Innenräumen oder nur bei Windstille.

Windgeschwindigkeiten werden in der sogenannten Beaufort-Skala (siehe Tabelle auf nächster Seite) erfasst und angewendet. Jede Beaufort-Skala entspricht einem bestimmten Bereich der Windgeschwindigkeit.

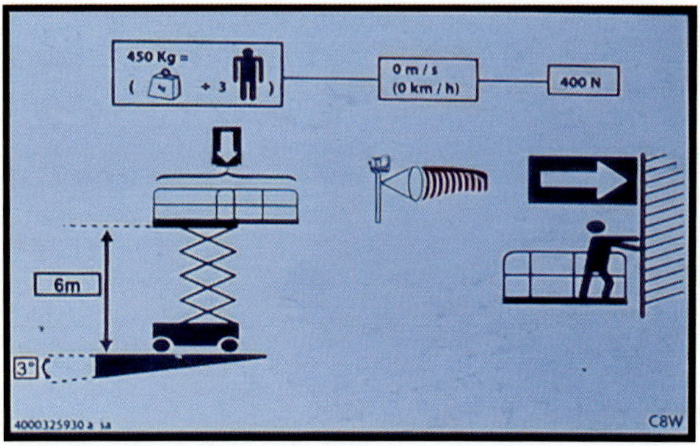

Angabe zur zulässigen Windlast auf Typenschild

Stärke (Bft)	Bezeichnung Windstärke	km/h	kn	m/s	mph
0	Windstille	0–< 1	0–< 1	0–0,2	0–1,1
1	leiser Zug	1–5	1–3	0,3–1,5	1,2–4,5
2	leichte Brise	6–11	4–6	1,6–3,3	4,6–8,0
3	schwacher Wind	12–19	7–10	3,4–5,4	8,1–12,6
4	mäßiger Wind	20–28	11–15	5,5–7,9	12,7–18,3
5	frischer Wind	29–38	16–21	8,0–10,7	18,4–25,2
6	starker Wind	39–49	22–27	10,8–13,8	25,3–32,1
7	steifer Wind	50–61	28–33	13,9–17,1	32,2–39,0
8	stürmischer Wind	62–74	34–40	17,2–20,7	39,1–47,1
9	Sturm	75–88	41–47	20,8–24,4	47,2–55,1
10	schwerer Sturm	89–102	48–55	24,5–28,4	55,2–64,3
11	orkanartiger Sturm	103–117	56–63	28,5–32,6	64,4–73,5
12	Orkan	ab 118	ab 64	ab 32,7	ab 73,6

Die Beaufort-Skala kann nur eine Hilfestellung sein, um sofort die Stärke eines aufkommenden Winds zu beurteilen.

Die Messung erfolgt mit einem Anemometer, das Windgeschwindigkeit, Luftdruck und Luftstrom erfasst. Es wird die Windstärke am Boden sowie in der Hubarbeitsbühne auf Arbeitshöhe gemessen und aufgezeichnet.

Bis Windstärke 5 kann auf der Hubarbeitsbühne gearbeitet werden. Ab Windstärke 6 muss die Arbeit eingestellt werden.

Windstärke 5:
Ein frischer Wind mit Windgeschwindigkeiten von 29–38 km/h oder 8–10,7 m/sec; kleinere Laubbäume beginnen zu schwanken.

Windstärke 6:
Ein stärkerer Wind mit Windgeschwindigkeiten von 39–49 km/h oder 10,8–13,8 m/sec.

Besondere Aufmerksamkeit ist gefordert, wenn der Wind zwischen Gebäuden oder an Ecken hindurchströmt, weil er hier zusammengedrängt wird und an Geschwindigkeit zulegt. Man spricht hier von einer Trichterwirkung.

Bei Sturm und Gewitter darf die Hubarbeitsbühne auf keinen Fall genutzt werden.

Bei **Regen, Eis und Schnee** weichen je nach Stärke und Dauer die Böden auf. Es kann zum Absinken der Ausleger oder Räder kommen. Daher müssen immer passende Unterlegplatten für die Standsicherheit der Stützen verwendet werden.

Kälte kann die Batterieleistung beeinträchtigen. Daher sollte die Batterie im Herbst überprüft werden (Notfallfunktion). Bei Kälte ist auch auf entsprechende Persönliche Schutzausrüstung zu achten.

Sonnenstrahlung kann den Bediener blenden. Sie kann auch Asphalt aufweichen, wodurch die Standfestigkeit nicht mehr gegeben ist.

Hubarbeitsbühnen nach Gebrauch vor Witterungseinflüssen schützen!

5.5 Tragfähigkeit des Bodens

Nicht jede Hubarbeitsbühne ist für jedes Gelände geeignet. Deshalb immer die Bodenbeschaffenheit prüfen!

Neben den Windverhältnissen ist die Tragfähigkeit des Bodens einer der wichtigsten Punkte für den sicheren Betrieb einer Hubarbeitsbühne. Deshalb ist es unerlässlich, ständig Bodenkontrollen durchzuführen, um festzustellen, ob sich der Bereich des Bodens um die Abstützungen verändert hat.

Die Tragkraft des Bodens muss dem Bediener bekannt sein. Hilfreich können z.B. Messungen, eine Bohrung oder ein Bodengutachten sein.

Der Unternehmer oder die von ihm beauftragte Person ist dafür verantwortlich, dass die Hubarbeitsbühne auch in Bezug auf die Tragfähigkeit des Bodens sicher betrieben werden kann.

Die Tragfähigkeit des Bodens ist auch von der Bodenbeschaffenheit abhängig:

Nicht bindige, festliegende Böden bestehen hauptsächlich aus Sand, Kies und Geröll. Die einzelnen Bodenteile haften kaum aneinander, da wenige Feinkornanteile vorhanden sind, die Wasser speichern.

Diese Böden gelten als guter Baugrund, da sie eine hohe Tragfähigkeit und eine geringe Senkungsneigung aufweisen.

Die zulässige Bodenpressung beträgt bei

- Fein- bis Mittelsand: 15 N/cm^2
- Grobsand bis Kies: 20 N/cm^2

Bindige Böden haben einen hohen Anteil an kleinkörnigen Elementen wie Ton, Schliff, Lehm und Kalk. Diese einzelnen Bodenteile verbinden sich langsam. Dadurch sind sie schlecht wasserdurchlässig und nur bedingt ein stabiler Baugrund, da auch noch später Restsetzungen festgestellt werden.

Boden-eigenschaft	Zulässige Bodenpressung	Beschreibung
breiig	0 N/cm^2	quillt durch die Fugen hindurch
weich	4 N/cm^2	lässt sich leicht kneten
steif	10 N/cm^2	lässt sich schwer kneten oder rollen, ohne zu reißen oder zu zerbröseln
halbfest	20 N/cm^2	beim Kneten und Rollen reißt er kaum; er lässt sich aber noch formen
fest	30 N/cm^2	hellere Farbe; man kann ihn nur noch zerbrechen

Befestigte Oberflächen und versiegelte Flächen haben je nach Bodenbeschaffenheit und Tragfähigkeit eine zulässige Bodenpressung von ca. 50–60 N/cm^2. Bei Wegen und Plätzen aus Asphalt, Garagenböden aus Beton oder Rasengittersteinen und Kies-Schotterflächen ist die natürliche Versickerungsfähigkeit von Wasser (Regen) stark reduziert.

Ein Straßenbelag hat eine zulässige Bodenpressung von ca. 75–100 N/cm^2.

5.6 Mitzuführende Dokumente und Sicherheitsausstattung des Fahrers/Bedieners

- Im Lkw: Führerschein, Fahrerkarte, Zulassungsbescheinigung (= Fahrzeugschein), Nachweis über Schadstoffklasse, Personalausweis, Begleitpapiere, Ladepapiere, Kfz-Haftpflichtversicherung, Warnwesten, Erste-Hilfe-Kasten, Persönliche Schutzausrüstung
- Im Pkw: Führerschein, Zulassungsbescheinigung (= Fahrzeugschein), Nachweis über Kfz-Haftpflichtversicherung, Warnweste, Warndreieck, Verbandskasten
- In der Hubarbeitsbühne: Bedienerausweis und Gefährdungsbeurteilung, Nachweis der Unterweisung, Prüfbuch bzw. Nachweis über die letzte Prüfung, Persönliche Schutzausrüstung, schriftlicher Auftrag vom Arbeitgeber

5.7 Unfallschwerpunkte mit Hubarbeitsbühnen

Unfälle, auch schwerwiegende, ereignen sich auch durch ein Fehlerverhalten des Bedieners.

Das Übersteigen der angehobenen Hubarbeitsbühne ist generell verboten!

Durch das Übersteigen des Korbs und die damit verbundene Gewichtsverlagerung beginnt der Korb zu wackeln und schlägt nach allen Seiten aus.

Für dieses Verbot gibt es nur eine enge Ausnahme: Die Bühne hat eine Tür und der Hubarm darf maximal 75 % ausgefahren sein (auf einem anderen Gebäudeteil, Dach etc.). Es muss eine zweite Person in der Bühne sein und eine Person am Boden, welche eine Notfallschaltung bedienen oder Hilfe anfordern kann. Zudem ist eine Persönliche Schutzausrüstung gegen Absturz nötig, die den Bediener beim Übertritt mit Bauwerk und Bühne sichert, z.B. ein Y-Verbindungsmittel.

Die Gefahr des **Einquetschens** besteht durch hervorstehende Teile im Korb, welche gegen einen Hallenträger oder gegen Deckenteile gedrückt werden. Daher muss vor dem Hochlassen der Bühne/des Korbs die Umgebung genau betrachtet werden.

Die Gefahr des **Herausschleuderns** besteht beim Überfahren von Unebenheiten oder beim Zusammenstoß mit anderen Objekten. Diese gefährliche, ruckartige Bewegung des Arbeitskorbs wird Peitscheneffekt oder Katapulteffekt genannt.

Ein ähnlicher Effekt ergibt sich, wenn sich die Arbeitsbühne festhängt. Es entsteht der Eindruck, dass sich die Bühne nicht bewegt, sich aber die Räder oder Stützausleger heben. Auch dadurch können Bediener aus der Arbeitsbühne geschleudert werden.

Erschütterungen blockieren oft die Steuerung der Arbeitsbühne, welche dadurch nicht mehr steuerbar ist.

Grundsätzlich müssen bei jeglicher Bewegung alle Personen in der Hubarbeitsbühne den 3-Punkt-Kontakt einhalten: Beide Füße stehen dabei am Boden des Korbs und mindestens eine Hand hält sich fest.

Hängetrauma

Durch die PSAgA ist der Bediener gegen Absturz, d.h. den freien Fall, gesichert.

Sobald er im Auffanggurt frei hängt, sollte er, wenn möglich, seine Füße in Bewegung halten, eventuell gegen einen Widerstand drücken oder die Trittschlaufe verwenden, um den Blutkreislauf nicht zu behindern oder zu deaktivieren.

Wenn die betroffene Person ansprechbar ist und keine offensichtlichen Verletzungen aufweist, dann sollte das **normale Notfallprogramm** durchgeführt werden:

- Ein Notablass wird von einer zweiten Person am Boden ausgelöst.
- Die verunfallte Person von Schutzkleidung befreien (darf dann nicht mehr verwendet werden!) und an einer geschützten Stelle versorgen (je nach Befindlichkeit – sitzend, liegend, stehend)
- Anschließend Tel.-Nr. 112 wählen – Meldung machen
    - Wo? – Ort der Unfallstelle – Hubarbeitsbühne
    - Was? – z.B. ein Mann von PSA befreit, sitzt am Boden ohne merkbare Verletzung, ist ansprechbar
    - Wer? – z.B. Bauleiter Hr. XXX von XXX, Tel. XXXX/XXX
- Auf weitere Anweisungen warten

Spezielles Notfallprogramm bei Ohnmacht oder sichtbaren Verletzungen

- Zuerst 112 anrufen und Meldung machen:
  - Wo? – Ort der Unfallstelle – Hubarbeitsbühne
  - Was? – z.B. Person hängt frei in PSA, blutet und ist nicht ansprechbar
  - Wer? – z.B. Bauleiter Hr. XXX von XXX, Tel. XXXX/XXX
- Mit der Rettungsleitstelle verbunden bleiben!
- Maßnahmen zur Bergung einleiten – Notablass etc.
- Wenn möglich, von PSA befreien
- Bei normaler Atmung: stabile Seitenlage
- Bei schwacher oder keiner Atmung – Wiederbelebung: Person flach auf festen Boden legen, Herzdruckmassage, Beatmung
- Keine Angst! Die Rettungsleitstelle unterstützt dich telefonisch, bis der Arzt kommt.
- Die anderen anwesenden Personen sollen die Zufahrt für die Rettungsfahrzeuge frei machen und diese dann einweisen, um eine schnelle Versorgung des Verunfallten zu gewährleisten (Gute Besserung!).

Die Hubarbeitsbühne darf dann bis auf Weiteres nicht mehr benutzt werden (außerordentliche Prüfung durch Sachverständigen, Polizei, Staatsanwaltschaft).

Die Meldung an die Rettungsdienstleitstelle bewirkt, dass auch die Polizei zum Unfallort kommt und anschließend weitere Schritte einleitet.

Die Unfallmeldung an die Berufsgenossenschaft (+ staatliche Kontrollbehörde) erfolgt durch den Arbeitgeber innerhalb von 3 Tagen ab einer Krankmeldung von 3 Tagen. Für eine reibungslose Abwicklung ist für die Bereitstellung aller Unterlagen zu sorgen!

Der Unfallversicherungsträger entscheidet, ob das Unfallgeschehen als Arbeitsunfall anerkannt wird.

Die PSAgA muss erneuert werden.

Der Unfall wird im Prüfbuch (Hubarbeitsbühne/Korb) eingetragen!

5.8 Notfall-Ablaufplan

Die Notfallplanung ist Teil der zu lösenden Arbeitsaufgabe!

Sollte eine gefährliche Situation beim Arbeiten mit einer Hubarbeitsbühne auftreten, muss sofort gehandelt werden. Der Notfall-Ablaufplan wird in Gang gesetzt.

Für diesen Fall muss immer ein Notfall-Bediener erreichbar sein. Dieser muss keine Schulung haben, aber in die Notbedienung der Maschine eingewiesen sein.

Folgende Maßnahmen sind notwendig, um den Notfall-Ablaufplan einhalten zu können:

- Der Notfall-Bediener muss in die Maschine und an der Maschine eingewiesen werden.
- Mit dem Notfall-Bediener ist die Notbedienung unter Anleitung mindestens einmal durchzuführen (Vormachen – Nachmachen).
- Der Notfall-Bediener hat die Verantwortung für seinen Kollegen und muss besonders vorsichtig und überlegt die richtigen Arbeitsschritte einleiten.
- Gibt es Anzeichen, dass eine oder mehrere Personen in der Arbeitsbühne verletzt oder ohnmächtig sind, ist sofort der Notruf 112 zu wählen.

5.9 Notfallfunktionen

Notablass

Der Notablass ist eine wichtige Sicherheitsfunktion, da mit ihm die Hubarbeitsbühne kontrolliert abgesenkt werden kann. Dieses geschieht manuell oder hydraulisch, so dass die Personen auf der Arbeitsbühne sicher evakuiert werden können.

Die Ursache der Störung ist meistens ein Stromausfall oder eine technische Fehlfunktion der Steuerung.

Wer eine Arbeitsbühne benutzt, trägt hier die Verantwortung. Dies gilt auch für Mietarbeitsbühnen.

Wichtig ist die Absprache aller Beteiligten, welche Arbeiten in der Höhe ausgeführt werden und welche Gefahren eintreten können. Alle Beteiligten müssen im Ernstfall gemäß ihrer Unterweisung handeln.

Der Notablass wird aktiviert, indem die Person am Boden das Ventil oder den Hebel betätigt (siehe Symbole)

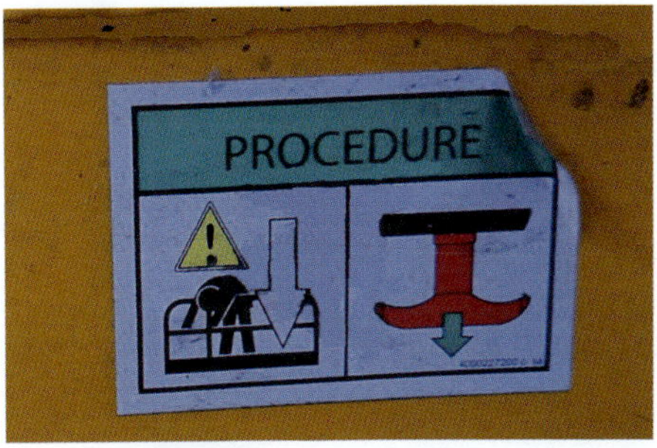

Hinweis für Notablass

Notablass – roten Hebel ziehen!

Der Notablass öffnet ein Ventil, das die Hydraulikflüssigkeit (Öl) in den Zylinder freigibt und somit die Arbeitsbühne kontrolliert absenkt. Bei Teleskopbühnen sollte vor dem Absenken zuerst der Teleskoparm eingefahren werden.

Wichtig: Ruhe bewahren und Vorfall in das Prüfbuch eintragen.

Unterschied zwischen Notablass, Not-Aus-Schalter und Totmannschaltung

Bei **Notablass** wird z.B. eine 24-Volt-Batterie (Einsatz für den Notbetrieb) zum kontrollierten Absenken der Hubarbeitsbühne benutzt.

Beim **Not-Aus-Schalter** (roter Knopf am Bedienpult) wird die Stromzufuhr abrupt unterbrochen. Dieser Schalter wird nur bei Gefahr oder medizinischen Notfällen betätigt.

Danach darf ohne Wartung und Freigabe die Hubarbeitsbühne nicht weiter bedient werden.

Alles muss im Prüfbuch dokumentiert werden.

Bei der **Totmannschaltung** handelt es sich um eine dauerhaft aktive Sicherungsfunktion. Der Bediener muss stets einen Hebel, ein Pedal oder einen Knopf gedrückt halten. Lässt der Bediener los, schaltet sich die Maschine sofort ab. Bei Neustart muss zusätzlich eine Schalthandlung erfolgen.

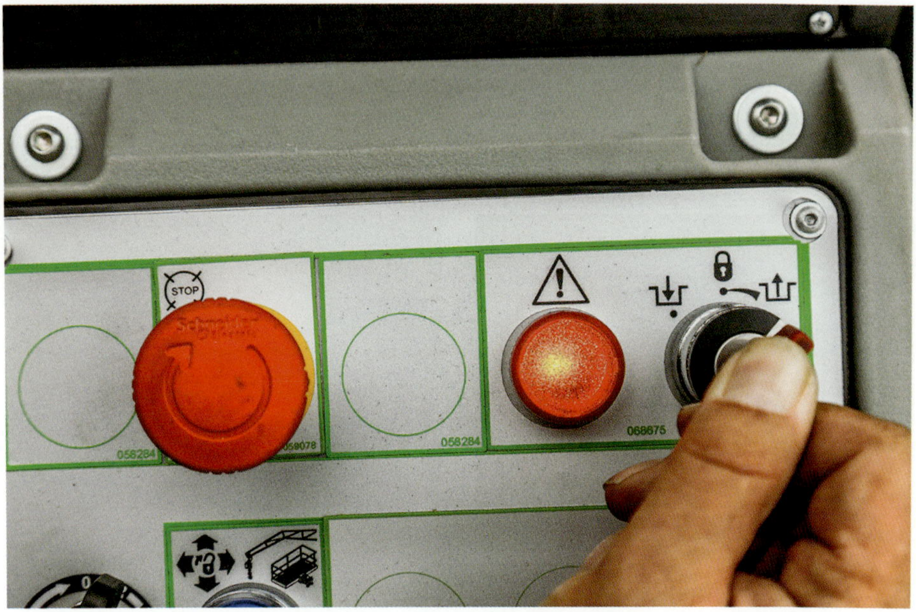

Bypass-Schlüsselschalter – Achtung: alle Sicherheitseinrichtungen sind deaktiviert

Totmann am Boden in Hebebühne

Seit 1. Oktober 2024 gilt nach der aktualisierten Norm DIN EN 280 eine wichtige Sicherheitsanpassung: Die Hersteller von Hubarbeitsbühnen sind jetzt verpflichtet, eine Handsteuerung als Notfallsicherung zu integrieren. Diese muss durchgehend mit zwei (!) Händen bedient werden, um sich in einem Notfall ganz auf die Steuerung zu konzentrieren.

5.10 Ende der Arbeit

Für das Abstellen der Hubarbeitsbühne wird ein passender Platz benötigt. Dieser sollte einen ebenen, tragfähigen Untergrund aufweisen und zugleich sämtliche Flucht- und Rettungswege sowie Zugänge zu Feuerlöschern etc. freihalten.

Ist der passende Platz gefunden, folgen diese Schritte:

- Ausleger senken
- In der Transportstellung (= Grundstellung) müssen die Abstützungen verriegelt sein
- Schlüsselschalter auf Position AUS drehen und Schlüssel abziehen
- Feststellbremse betätigen
- Hubarbeitsbühne gegen Wegrollen sichern
- Eine letzte Blickkontrolle durchführen.

Grundsätzlich ist beim Weggang vom Arbeitsplatz, z.B. wenn die Hubarbeitsbühne nicht mehr im direkten Blickfeld steht, der Schlüssel immer abzuziehen.

6 Sondereinsätze

6.1 Einsatz in öffentlichen Verkehrsräumen

Werden Hubarbeitsbühnen im öffentlichen Verkehrsraum aufgestellt, müssen die Einsatzstellen für die Teilnehmer am öffentlichen Verkehr gut zu erkennen sein, um Überraschungsmomente und Gefährdungen für das beteiligte Personal sowie für die Verkehrsteilnehmer auszuschließen.

Deswegen sind beim Einsatz im öffentlichen Verkehrsraum Absperr- und Sicherungsmaßnahmen nötig.

Hierzu ist eine sogenannte **Verkehrsrechtliche Anordnung** (VRA) notwendig. Die Abklärung und die Beantragung erfolgen bei der örtlichen Straßenverkehrsbehörde.

Maßgebend als Rechtsgrundlage ist § 45 StVO. In seltenen Fällen kommen daneben § 46 StVO sowie ergänzend die Straßen- und Wegegesetze der Länder in Betracht.

Wichtige Punkte, die bei Absperr- und Sicherungsmaßnahmen beachtet werden müssen:

- Die Sicherheits-Warnmarkierungen der Bühne müssen intakt sein.
- Der Wirkbereich muss zusätzlich mit Absperrkegeln und/oder Warnbaken abgesichert sein.
- Bei seitlich ausgeschwenkter Bühne muss auch der Raum unter dem Korb abgesichert werden.
- Gegebenenfalls ist eine zusätzliche Beschilderung nötig (Beschilderungsplan nach RSA21 = Richtlinien für die Sicherung von Arbeitsstellen an Straßen)
- Alle Beteiligten haben Warnkleidung zu tragen. Diese ist entsprechend der Gefährdungsbeurteilung abhängig von Straße, Verkehrsaufkommen, erlaubter Fahrgeschwindigkeit, der Körperhaltung und allgemeinen Sichtbehinderungen zu wählen (siehe dazu DGUV Information 212-016 „Warnkleidung“).

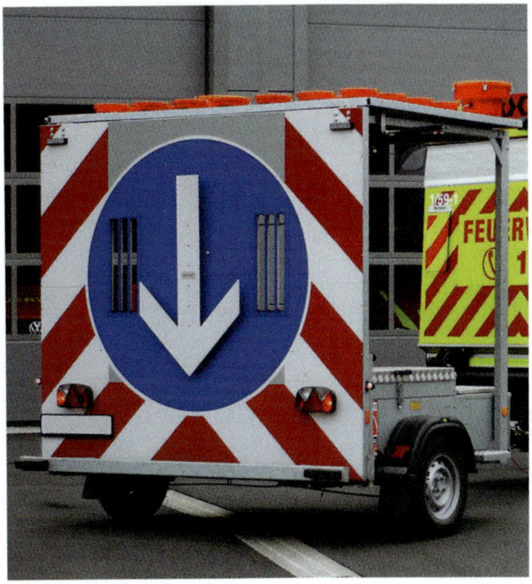

Verkehrssicherungsanhänger
(Quelle: Nick Naujoks)

6.2 Motorsägearbeiten

Die Durchführung von Baumarbeiten mit der Motorsäge unter Verwendung einer Hubarbeitsbühne erfordert neben der Grundausbildung für Hubarbeitsbühnen sowie der jährlichen Unterweisung auch einen sogenannten „Kettensägen-Führerschein“ nach DGUV Information 214-059.

Dieser beinhaltet

Modul A: Grundlagen der Motorsägenarbeit

Modul B: Baumfällung und Aufarbeitung

Modul C: Arbeit mit Motorsägen in Arbeitskörben von Hubarbeitsbühnen und Drehleitern, ohne stückweises Abtragen von Bäumen

Modul D: Arbeit mit Motorsägen in Arbeitskörben von Hubarbeitsbühnen und Drehleitern, mit stückweisem Abtragen von Bäumen

Der Bediener muss mindestens 18 Jahre alt sowie körperlich und geistig geeignet sein.

Wichtig ist das Tragen einer vollständigen Schutzausrüstung. Diese besteht aus dem

- Motorsägenhelm mit Gehörschutz und Visier
- Schnittschutz-Hose
- Jacke
- Handschuhe nach EN 381-7
- Sicherheitsschuhe mit Schutzwirkung gegen Kettensägeschnitte nach EN ISO 17249

Auch die Arbeitsbühne benötigt eine besondere Ausstattung. Diese beinhaltet:

- einen Kettensägehalter zur sicheren Lagerung der Motorsäge
- ein Trenngitter, wenn eine zweite Person mitarbeitet
- ein Schutzdach gegen herabfallende Äste
- eine zerspanbare Umwehrung als Einsatz oder Auflage, fest verbunden mit dem Arbeitskorb

6.3 Versetzfahrten

Versetzfahrten sind Fahrten, bei denen die Hubarbeitsbühne angehoben ist, aber nur geringfügig bewegt wird, um die Arbeitsposition zu verändern.

Die folgenden Punkte sind hier wichtig:

- Die Arbeitsbühne muss sich auf einem ebenen Untergrund befinden.
- Der Hersteller gibt die Neigung und die Geschwindigkeitsgrenze vor. Auch die weiteren Vorgaben laut Hersteller sind zu beachten, da sie abhängig vom Typ der jeweiligen Hubarbeitsbühne sind.
- Während der Fahrt darf sich nur geschultes Personal im Arbeitskorb befinden.
- Ein langsames Versetzen verhindert das Umkippen der Maschine.

6.4 Vermietung/Anmietung von Hubarbeitsbühnen

Hubarbeitsbühnen können ab 18 Jahren angemietet werden.

Eine Privatperson darf auf Privatgelände eine Hubarbeitsbühne ohne Fahrerlaubnis oder Unterweisung nutzen.

Gewerbliche Nutzer müssen eine entsprechende Fahrerlaubnis/einen entsprechenden Führerschein, z.B. der Klasse B, C oder C1, je nach Gesamtgewicht der Bühne, vorlegen, sobald die Hubarbeitsbühne auf der Straße bewegt wird.

Es muss eine Grundausbildung und Unterweisung vorliegen, ebenso eine dokumentierte Einweisung und eine schriftliche Beauftragung durch den Arbeitgeber.

Als Vermieter ist man verpflichtet, die Hubarbeitsbühne in einem einwandfreien und sicheren Zustand zu übergeben. Die Übergabe sollte dokumentiert sein.

Es muss eine Einweisung erfolgen. Eine Betriebsanleitung, ein Handbuch sowie das Prüfbuch müssen vorliegen.

Eine Sichtprüfung bei der Übernahme auf z.B. Reifendruck oder Ölverlust, und Sicherheitseinrichtungen ist sehr empfehlenswert.

Für die Abdeckung von baulichen Mängeln oder technischen Defekten sollte eine Maschinenbruchversicherung abgeschlossen sein.

7 Sicherheit

7.1 Steuer-, Arbeits-, Fahrbewegungen

Drehen:
Kreisbewegungen der Arbeitsbühne

Heben & Senken:
Arbeitsbühne in eine höhere oder niedrigere Position bringen

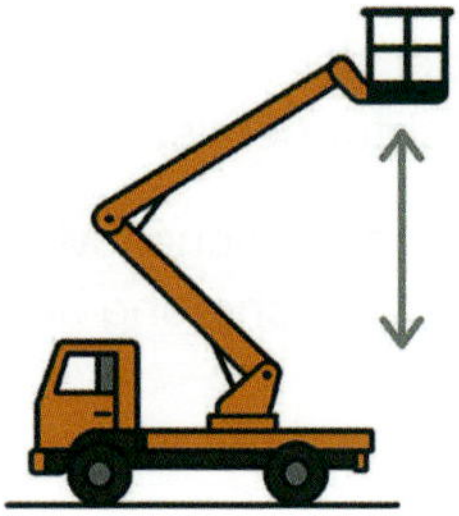

Fahren

Schwenken

Diese Bewegungen sind alle außerhalb der Grundeinstellung und müssen extra bezeichnet werden.

Der Bediener muss diese Bezeichnungen umsetzen.

7.2 Maximale Tragfähigkeit der Hubarbeitsbühne

Die maximale Tragfähigkeit muss sichtbar an der Bühne angegeben sein.

Sie setzt sich grundsätzlich aus der Anzahl der zugelassenen Personen und der Zuladung zusammen. Die maximale Tragfähigkeit darf nie überschritten werden.

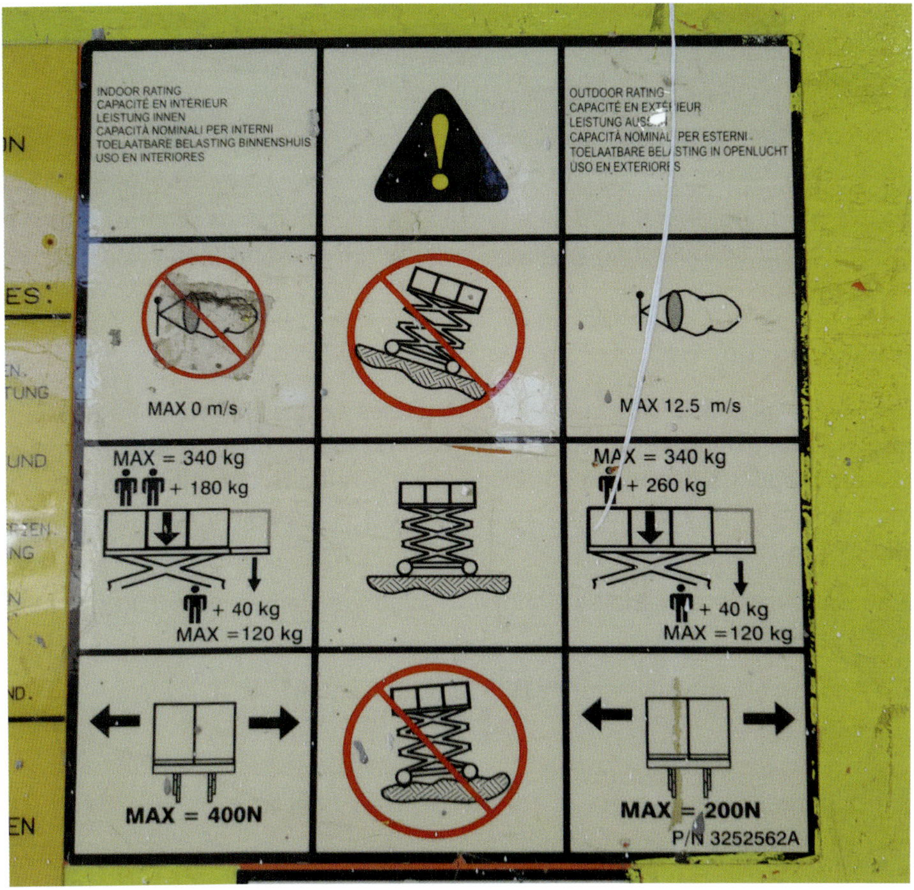

Typenschild mit maximaler Tragfähigkeit des Korbs

Das Gewicht der Hubarbeitsbühne heißt Nennlast und setzt sich zusammen aus

- Korblast plus Material,
- Werkzeug und
- Gewicht vom Bediener.

Beispiel:

Auf dem Fabrikschild steht eine **maximale Tragfähigkeit** von	230 kg
der Bediener wiegt	–85 kg
Schutzkleidung, Schuhe und Helm wiegen	–11 kg
Sicherheitsgeschirr wiegt	–4 kg
es verbleiben	130 kg
Material und Werkzeug wiegen	–50 kg
es verbleiben	80 kg

Da bei Wind und Bodenunebenheiten die Tragfähigkeit unterschritten werden muss, muss die Beladung geringer ausfallen. Bei einem Unfall wird genau nachgewogen.

Handkraft

Die Handkraft drückt aus, mit welcher Kraft des Armes man welches Gewicht tragen kann, welche Kraft zum Betätigen von Hebeln oder Knöpfen an der Hubarbeitsbühne benötigt wird oder wie viel Kraft z.B. durch Montagearbeiten auf den Korb einwirkt und zurück auf die Hubarbeitsbühne übertragen wird.

Eine Angabe zur maximalen Handkraft sollte auf dem Typenschild der Maschine stehen.

Die Angabe erfolgt in Newton, z.B. 400 N, das entspricht 40 kg.

Kontrollfragen

Frage 1: Auf welcher Grundlage findet die Qualifizierung von fahrbaren Hubarbeitsbühnen statt?

- ❑ A: DGUV Grundsatz 308-008 und BetrSichV
- ❑ B: DGUV Grundsatz 308-009
- ❑ C: DGUV Vorschrift 52, DGUV Vorschrift 68 und BetrSichV

Frage 2: Welche Anforderungen werden an den künftigen Bediener gestellt?

- ❑ A: Jeder, der sich gut fühlt, darf eine Hubarbeitsbühne bedienen
- ❑ B: Mindestens 18 Jahre, geistig und charakterlich geeignet, körperlich geeignet, ausgebildet, Befähigung nachgewiesen und schriftlich beauftragt
- ❑ C: Schriftlich beauftragt, zum Führen eines Fahrzeuges ausgebildet und im Besitz eines gültigen Führerscheins der Klasse B

Frage 3: Welche Bedeutung hat das Typenschild?

- ❑ A: Das Typenschild ist nur für den Hersteller von Bedeutung
- ❑ B: Keine
- ❑ C: Ohne Typenschild keine Bedienung möglich, fehlender Versicherungsschutz

Frage 4: Wie häufig muss eine Hubarbeitsbühne durch eine befähigte Person geprüft werden?

- ❑ A: Es reicht alle 2 Jahre
- ❑ B: Mindestens 1x pro Jahr
- ❑ C: Jeden Tag

Frage 5: Ab welcher Windgeschwindigkeit muss die Arbeit mit Hubarbeitsbühnen im Freien eingestellt werden?

- ❑ A: Windstärke 6
- ❑ B: Windstärke 4
- ❑ C: Windstärke 8

Frage 6: Wer hat die tägliche Einsatzprüfung durchzuführen?

- ❑ A: Der Lieferant, welcher mir die Bühne zur Verfügung stellt
- ❑ B: Der Chef, denn er hat die Bühne angemietet oder beschafft
- ❑ C: Der Bediener vor dem Arbeitseinsatz

Frage 7: Wie viele Personen dürfen sich gleichzeitig in einem Arbeitskorb aufhalten?

- ❑ A: So viele, wie hineinpassen
- ❑ B: Herstellerangaben lesen, Hinweisschilder auf Bühne beachten
- ❑ C: Mindestens 2, damit einer immer die Bühne bedienen kann

Frage 8: Wie viel Sicherheitsabstand muss zu aktiven Stromleitungen bei unbekannter Spannung mindestens eingehalten werden?

- ❑ A: 5 m
- ❑ B: 6 m
- ❑ C: 7 m

Frage 9: Wie ermittelt man die Stützkraft einer Abstützeinrichtung an einer Hubarbeitsbühne?

- ❑ A: Ist für mich als Bediener nicht relevant
- ❑ B: Aus der Bedienungsanleitung des Herstellers oder dem Schild auf der Stütze selbst
- ❑ C: Aus der Betriebsanweisung, welche mir der Chef gegeben hat

Frage 10: Welche Dinge müssen nach der Beendigung der Arbeit unbedingt erledigt werden?

- ❑ A: Bühne abstellen reicht aus
- ❑ B: Dem Chef per Mail oder Anruf die Information der Arbeitsbeendigung mitteilen
- ❑ C: Bühne von Fahr- und Fluchtwegen entfernen, Schlüssel abziehen und gegen unbefugte Benutzung sichern; alternativ an den Strom anschließen

Abkürzungsverzeichnis

BG	Berufsgenossenschaften
DGUV	Deutsche Gesetzliche Unfallversicherung
PSA	Persönliche Schutzausrüstung
PSAgA	Persönliche Schutzausrüstung gegen Absturz
StVO	Straßenverkehrsordnung
StVZO	Straßenverkehrs-Zulassungs-Ordnung
TRBS	Technische Regeln für Betriebssicherheit
UVV	Unfallverhütungsvorschrift

Stichwortverzeichnis

Lösungen der Kontrollfragen

Zu 1	Zu 2
A	B
Zu 3	**Zu 4**
C	B
Zu 5	**Zu 6**
A	C
Zu 7	**Zu 8**
B	A
Zu 9	**Zu 10**
B	C